LE LANGAGE

DES PLANTES, DES FLEURS,

ET

DES COULEURS,

OU

DICTIONNAIRE COMPLET

DES PLANTES, FLEURS ET COULEURS SYMBOLIQUES,

DONNANT LEURS VÉRITABLES SIGNIFICATIONS;

Pour servir à la composition des Bouquets, Couronnes, Guirlandes, Ornemens de Festins, Couplets de Fête, etc., etc.;

Par L. D***, Botaniste, Coloriste, etc.

A PARIS,

Chez l'Éditeur, rue Montmartre, n°. 182.;
Chez les principales Bouquetières ;
Et dans les Jardins publics.

———

1821.

PRÉFACE.

—

Les premiers hommes qui parurent sur la terre, employèrent à la communication de leurs pensées tous les objets qui vinrent s'offrir à leurs regards ; mais ils adoptèrent de préférence, parmi tant d'objets divers, ceux dont l'aspect doux et riant pouvait le mieux exprimer les sentimens heureux qui les animaient : ainsi naquit le langage des plantes, des fleurs et des couleurs; son berceau fut l'Asie, qui fut aussi le berceau des humains.

Faut-il après cela s'étonner si tous les peuples se sont transmis et ont aimé un langage qui rappelle cet âge d'or tant vanté des poètes, ces jours fortunés où régnaient l'innocence et la justice !....

Les ouvrages que nous possédons sur les plantes, les fleurs et les couleurs symboliques sont incomplets. J'ai reconnu, en outre, qu'ils renfermaient un grand nombre d'emblèmes, que j'ai eu soin de rejeter parce qu'ils ne se trouvaient justifiés ni par la nature de l'objet formant le symbole,

ni par les traditions historiques ou mythologiques,
ni par un usage bien établi.

Lorsqu'un même objet proposé pour symbole,
m'a présenté deux légendes ou significations diffé-
rentes, la réputation des ouvrages que j'ai consultés
a déterminé mon choix. Par exemple :

D'après l'auteur du *Parterre de Flore*, on a fait
du *Seringa* le symbole de la *Mémoire*, parce qu'on
se rappelle long-temps la sensation que fait éprouver
le parfum des fleurs de cet arbrisseau. J'ouvre le
Dictionnaire d'histoire naturelle de M. Valmont-
Bomare, et je vois que la manière dont les branches
du *Seringa* sont entrelacées a fait donner à cet
arbrisseau le surnom de *Philadelphus*, qui signifie
bon frère.

Un ouvrage, ayant pour titre le *Langage des
Fleurs*, indique la *Grenade* comme symbole de la
Fatuité. Le lecteur sera surpris, je pense, qu'on
ait donné à la Grenade cette signification, lorsqu'un savant mythologue (M. Fr. Noël), nous
apprend que la Grenade désigne *l'Union d'une so-
ciété, d'une nation*, *etc*. M. Noël nous apprend
aussi que la fleur du Grenadier, était regardée chez
les anciens comme le symbole d'une amitié parfaite.

Certain de n'être pas désapprouvé par les auteurs
du *Parterre de Flore* et du *Langage des Fleurs*
(ouvrages qui d'ailleurs renferment des détails

pleins de goût et de justesse), je conserve pour
légende,

Au Seringa, Amour fraternel,
A la Grenade, Union.

Chaque article de mon dictionnaire a été soumis
à un semblable examen ; je puis donc en garantir
l'exactitude. C'est par une infinité de comparaisons
et de recherches, que je suis parvenu à rendre
aux plantes, aux fleurs et aux couleurs symboliques, les significations qui leur sont propres, et à
rétablir dans toute son intégrité un langage qui
fut toujours cher à l'amour, à l'amitié, et à la
reconnaissance.

INSTRUCTION.

Lᴇꜱ Plantes, Fleurs et Couleurs symboliques, prises séparément, ou réunies avec choix, expriment des pensées, ont des significations qui peuvent avoir rapport, soit à la personne qui les envoie, soit à la personne à qui on les adresse, ou, enfin, à une troisième personne sous-entendue; je vais donc faire connaître ici la règle la plus simple et la plus facile pour s'entendre parfaitement sur ce point.

PLANTES ᴇᴛ FLEURS.

Le pronom MOI sera représenté par un Nœud fait à l'une des extrémités du lien que l'on fixe à leur tige.

TOI ou VOUS, par deux Nœuds.

LUI ou ELLE, par trois Nœuds.

Le lien fixé à la tige des Plantes ou Fleurs peut être d'une nature quelconque. Dans l'Inde on se sert assez souvent d'un léger cordon de Cheveux entrelacés.

COULEURS.

On emploie ordinairement, pour le Langage des Couleurs, de petits rubans étroits; et les mêmes Nœuds que je viens d'indiquer se font à l'une des extrémités de ces rubans.

Nota. Il existe des Lettres secrètes fort ingénieuses, où les Plantes, les Fleurs et les Couleurs symboliques, désignées seulement par leur nom, forment la partie principale des phrases. Les Nœuds qui servent à distinguer les trois pronoms personnels, y sont aussi désignés par écrit. De sorte qu'on ne peut déchiffrer, lire ces lettres, si l'on ne connaît la règle des Nœuds que je donne dans cette Instruction, et la signification exacte des Plantes, des Fleurs et des Couleurs.

DICTIONNAIRE COMPLET

DES

PLANTES, FLEURS ET COULEURS

SYMBOLIQUES,

DONNANT LEURS VÉRITABLES SIGNIFICATIONS.

PLANTES ET FLEURS.

(Pour les Couleurs, voir page 22 et suivantes.)

A.

ABSINTHE. Austérité.

ACACIA. Amour platonique.

ACACIA ROSE. Élégance.

ACACIE PUDIQUE, SENSITIVE. Pudeur.

ACANTHE, ou BRANCHE-URSINE. Architecture.

ACHE. Agonie.

ACHILLÉE MILLE-FEUILLES. Héroïsme.

ADONIS, ou ADONIDE. Douloureux souvenir.

AGNUS-CASTUS, voir GATILIER.

ALIZIER. Louanges.

ALLELUIA. Joie, allégresse.

ALOÈS. Botanique.

ALYSSE, voir CORBEILLE D'OR.

AMANDIER. Imprudence.

Amaranthe. Immortalité.

Amaryllis. Fierté.

Ambroisie. Gastronomie.

Amourette des prés. Faible attachement.

Ananas. Perfection.

Ancolie. Folie.

Anémone. Victime de la jalousie.

Angélique. Inspiration.

Apocin Gobe-Mouche. Piége.

Arbre de vie, voir Thuya.

Argentine, Naïveté.

Armoise. Bonheur.

Arrête-Bœuf, voir Bugrane.

Arum maculé. Ardeur.

Asclépiade. Docteur.

Asphodèle. Regrets.

Astragale. Adoucissement.

Aubépine. Espérance. (1)

B.

Baguenaudier. Amusement frivole.

Balsamine. Impatience.

Barbe de Renard. Ruse.

Barbeau, ou Bluet. Délicatesse.

Basilic. Brouillerie.

Baume. Vertu.

Belladone, ou Belledame. Charmes trompeurs.

(1) L'espérance est aussi désignée par un bouquet de feuilles vertes.

Bec de Grue, ou Géranium. Sottise.

Belle de Jour, ou Liseron tricolore. Coquetterie.

Belle de nuit, ou Nyctage. Timidité.

Belle de onze heures, ou Ornithogale. Songer à l'avenir.

Belvédère. Tout est découvert.

Bétoine. Surprise.

Blé, voir Épis de Blé.

Bluet, voir Barbeau.

Bois Gentil, ou Lauréole. Désir de plaire.

Bon Henri. Bonté.

Boule de Neige. Hiver de l'âge.

Bouquet de Lierre et d'Immortelle. Amitié pour la vie.

Bouquet de Mauve et de Souci. Douces peines.

Bouquet de Myrte et d'Immortelle. Amour pour la vie.

Bouquet de Myrte et de Souci. Hymen.

Bouquet de Pavot et de Souci. N'avoir plus d'inquiétude.

Bouquet de Roses ouvertes. Philantropie.

Bourrache. Brusquerie.

Bouton d'Argent. Prospérité.

Bouton d'Or. Avarice.

Bouton de Rose. Jeune fille.

Branche-Ursine, voir Acanthe.

Brize Tremblante. Frivolité.

Bruyère. Solitude.

Buglosse. Mensonge.

Bugrane, Arrête-Bœuf. Obstacle.

Buis. Stoïcisme.
Buisson Ardent. Colère.

C.

Caille-lait, ou Gaillet. Changement.
Camara Piquant. Rigueur.
Camomille. Amertume.
Campanule. Reconnaissance.
Capillaire. Mystère.
Capucine. Stupidité.
Cèdre. Résistance.
Centaurée. Maladie.
Cerisier. Bonne éducation.
Champignon. Soupçon.
Chardon. Raillerie.
Chardon-Bonnetier. Misanthropie.
Charme. Ornement.
Chélidoine. Soins maternels.
Chêne. Force.
Cheveux de Vénus. Simple parure.
Chèvre-Feuille. Étroits liens.
Chrysanthème, voir Fleur Dorée.
Cigue. Tyrannie.
Circée. Sortilége.
Ciste. Nulle Jalousie.
Citronnelle. Plaisanterie.
Citronnier. Correspondance.
Citrouille. Grosseur.
Clandestine, Crainte.
Clématite. Pauvreté.

CLOCHETTE. Caquetage.
COLCHIQUE. Les beaux jours sont passés.
CONVOLVULUS DE NUIT. Crime.
COQUELICOT. Ignorance.
COQUELOURDE. Être sans prétention.
COQUERET. Erreur.
CORBEILLE D'OR, ou ALYSSE. Guérison.
CORIANDRE. Mérite caché.
CORMIER. Prudence.
CORNOUILLER SAUVAGE. Durée.
CORONILLE. Luxure.
COUDRIER ou NOISETIER. Réconciliation.
COURONNE IMPÉRIALE. Majesté.
COURONNE DE ROSES. Fille vertueuse.
CRAPAUDINE. Laideur.
CRÊTE DE COQ. Vigilance.
CROIX DE JÉRUSALEM, ou DE MALTE. Zèle ardent.
CUPIDONE. Malice.
CUSCUTE. Usure.
CYPRÈS. MORT.

D.

DATURA, voir STRAMOINE.
DAUPHINELLE, voir PIED D'ALOUETTE.
DENT DE LION, voir PISSENLIT.
DIANELLE, ou REINE DES BOIS. Chasse.
DICTAME. Naissance, enfantement.
DIGITALE POURPRÉE. Demander justice.
DORONIC. Agilité.
DOUBLE-FEUILLE, ou OPHRYS. Rapprochement.
DOUCE-AMÈRE. Vérité.

E.

Ébénier. Funeste présage.

Églantier , ou sa fleur. Poésie.

Ellébore. Recouvrer la raison.

Énothère a grandes fleurs. Inconstance.

Éphémérine de Virginie. Plaisir passager.

Épine noire. Difficulté.

Épine de rose. Flèche d'amour.

Épine-vinette. Aigreur.

Épis de blé. Abondance.

Épis. Agriculture.

Érable. Réserve.

F.

Férule. Punition.

Feuilles mortes. Dépérissement.

Feuille de rose. On sera reçu.

Ficoïde cristallin. Froideur.

Flambe , voir Iris-flambe.

Fleur du ciel , ou Tremelle nostoc. Sagesse.

Fleur dorée, ou Chrysanthème. Souvenir de l'enfance.

Fleur de paon , ou Poincillade. Vanité.

Fleur du parnasse , ou Parnassie. Génie.

Fleur de Passion , ou Grenadille. Croyance.

Fleur d'un Jour , ou Hémérocalle fauve. Faveur.

Fleurs d'Oranger. Virginité.

Fougère. Sincérité.

Fraxinelle. Lumière.

Frêne. Obéissance.

Fritillaire a damier. Jeu.

Fumeterre. Fiel.
Fusain. Dessin.

G.

Gaillet , voir Caille-lait.
Galantine , voir Perce-neige.
Galéga. Raison.
Garance. Calomnie.
Gatilier Agnus-castus. Purification.
Gazon , voir Herbe.
Genêt. Persévérance.
Genevrier commun. Offrir un asile.
Gentiane jaune. Ingratitude.
Géranium , voir Bec de grue.
Gesse odorante , voir Pois de senteur.
Giroflée des jardins , ou Violier. Beauté durable.
Giroflée des murailles. Jeter des fleurs sur l'infor-
    tune.
Grateron. Rudesse.
Grenade , *fruit*. Union.
Grenadier (fleurs de). Amitié parfaite.
Grenadille , voir Fleur de passion.
Gui. Parasite.
Guimauve. Bienfaisance.
Guitarin. Mélodie.
Guirlande de fleurs. Chaîne d'amour.
Guirlande de feuilles. Chaîne d'amitié.
Guirlande de Dictame , de Roses , de Soucis et de
    Cyprès. Chaîne de la vie.

H.

Hélianthe, voir Soleil.

Hélianthe a grandes fleurs, voir Tournesol.

Héliotrope. Aimer plus que soi-même.

Hémérocale fauve, voir Fleur d'un jour.

Herbe, gazon. Utilité.

Hêtre. Grandeur.

Hortensia. Adoption.

Houblon. Injustice.

Houx. Prévoyance.

Hyacinthe, ou Jacinthe. Donner la mort à ce qu'on aime.

I.

Ibéride de Perse. Indifférence.

If. Tristesse.

Immortelle. A jamais.

Impériale. Ambition.

Iris. Heureux message.

Iris flambée. Flamme.

Ivraie. Vice.

Ixia ou Ixie. Violation.

J.

Jacinthe, voir Hyacinthe.

Jasmin blanc commun. Amabilité.

Jasmin d'Espagne a grandes fleurs. Sensualité.

Jasmin jaune. Première langueur d'amour.

Jasmin rouge de Virginie. Séparation.

Jonc. Docilité.

Jonquille. Désir.
Joubarbe. Vouloir vivre dans l'avenir.
Julienne. Fausseté.
Jusquiame. Défaut.

K.

Ketmie des jardins. Persuasion.

L.

Lauréole, voir Bois gentil.
Laurier franc. Gloire.
Laurier rose odorant. Beauté et bonté.
Laurier-Thym. Mourir si l'on est négligé.
Laurier-Amandier. Perfidie.
Lavande. Parler.
Lierre. Amitié.
Lilas. Première émotion d'amour.
Lilas blanc. Abandon.
Lin. Apprécier un bienfait.
Lis commun. Majesté.
Liseron tricolor, voir Belle du jour.
Liseron des haies. Entêtement.
Lobélie longiflore, voir Quibey.
Lotus, ou Lotos. Éloquence.
Luzerne. Vie.

M.

Mandragore. Rareté.
Marguerite (Reine). Variété.
Marguerite (Petite), ou Paquerette. Age heureux.
Marguerite blanche. J'y songerai.

Marguerite double. Réciprocité.
Marjolaine. Plaisirs champêtres.
Marronier d'Inde. Luxe.
Matricaire. Réunion.
Mauve. Douceur.
Mélèze. Audace.
Ménianthe. Calme.
Menthe. Jalousie.
Mercuriale. Amour du bien.
Mignardise. Enfantillage.
Millepertuis. Oubli.
Miroir de Vénus. Flatterie.
Momordique piquante. Critique.
Mouron. Rendez-vous.
Mousse. Amour maternel.
Mufle de veau. Grossièreté.
Muguet. Fatuité.
Murier. Prodige.
Myosote, ou Myosotis. Souvenez-vous de moi.
Myrte. Amour.
Myrte couvert de feuilles. Amour caché.
Myrtille. Trahison.

N.

Narcisse. N'aimer que soi.
Nerprun. Portrait ou peinture.
Nez-coupé, ou Staphylier. Espérance trompée.
Nivéole printanière. Premier regard d'amour.
Noisetier, voir Coudrier.

O.

Œillet blanc. Pureté de sentimens.
Œillet de Chine. Aversion.
Œillet jaune. Dédain.
Œillet mignardise, voir Mignardise.
Œillet panaché. Refus.
Œillet de poète. Talent.
Œillet rouge. Énergie.
Olivier. Paix.
Ophrys, voir Double-feuille.
Ophryse–Homme. Supplice.
Ophryse–Araignée. Adresse.
Ophryse–Mouche. Importunité.
Oranger. Générosité.
Oreille d'ours, ou Primévère Auricule. Guet-à-
   pens.
Orme, ou Ormeau. Propagation.
Ornithogale, voir Belle de onze heures.
Ortie. Cruauté.
Osier. Franchise.
Osmonde. Rêverie.

P.

Palme. Victoire.
Paquerette, voir Marguerite (Petite).
Pariétaire. Ostentation.
Parnassie, voir Fleur du Parnasse.
Patience. Patience.
Pavot. Sommeil.

Pêcher. Silence.

Pensée. Vous occupez ma pensée.

Perce-neige, ou Galantine. Consolation.

Pervenche. Doux Souvenir.

Persil. Festin.

Peuplier. Courage.

Pied d'alouette, ou Dauphinelle. Légèreté.

Pied de veau, ou Arum maculé. *Voir ce dernier mot.*

Pin. hardiesse.

Pissenlit, ou Dent de lion. Oracle.

Pivoine. Honte.

Plantain. Être dupe.

Platane. Protection.

Poincillade, voir Fleur de paon.

Pois de senteur, ou Gesse odorante. Plaisirs délicats.

Pomme d'amour. Discorde

Pomme, *fruit.* Désobéissance.

Pommier (fleurs de). Repentir.

Pourpier. Sentimens intéressés.

Primevère. Jeunesse.

Primevère-Auricule, voir Oreille d'ours.

Prunier. Tenez vos promesses.

Pyramidale. Constance.

Q.

Quibey, ou Lobélie longiflore. Hypocrisie.

R.

Rameau. *Les arbres et arbrisseaux sont représentés dans ce langage par un de leurs rameaux.*

Raquette. Exercice.

Reine des prés, ou Ulmaire. Autorité.
Reine des bois, voir Dianelle.
Renoncule. Beauté sans qualités.
Renoncule double. Impuissance.
Renoncule scélérate. Corruption.
Réséda. Plus de qualités que de charmes.
Romarin. Vous me ranimez.
Ronces. Stérilité.
Rose commune épanouie. Beauté.
Rose commune unie au Lis. Fraîcheur.
Rose blanche. Innocence.
Rose blanche desséchée. Vœu de chasteté.
Rose a cent feuilles. Grâce.
Rose capucine. Éclat.
Rose incarnate. Santé.
Rose couverte de feuilles. Charmes voilés.
Rose jaune. Infidélité.
Rose de mai. Précocité.
Rose mousseuse. Vous faites mes délices.
Rose musquée. Beauté capricieuse.
Rose pompon. Gentillesse.
Rose des quatre saisons. Les Grâces suivent tous
   les âges.
Rose rouge. Soulèvement.
Rose tremière. Famille.
Rose simple. Simplicité.
Rose sans épines. Cesser de se défendre.
Roseau fleuri. Souplesse, courtisan.
Roseau sec plumeux. Indiscrétion.
Roseaux. Musique.

Rosier environné de gazon. Il y a tout à gagner
    avec la bonne compagnie.
Rue sauvage. Je vous suivrai partout.

S.

Safran. Ne pas abuser.
Sainfoin oscillant. Agitation.
Salicaire. Prétention.
Sapin. Fortune.
Sardonie. Ironie.
Sauge (Petite). Estime.
Saule. Vieillesse vigoureuse.
Saule pleureur. Larmes, mélancolie.
Scabieuse. Sensibilité malheureuse.
Scabieuse noire-pourpre, voir Veuve.
Sceau de Salomon. Garder le secret.
Sénevé. Fécondité.
Sensitive. Profonde sensibilité.
Seringa, ou Syringa. Amour fraternel
Serpentaire. Envie.
Serpolet. Étourderie.
Sistre. Sûreté.
Soleil ou Hélianthe. Orgueil.
Souci. Chagrin, inquiétude.
Souci pluviatile. Présage.
Souci uni au Cyprès. Désespoir.
Staphylier, voir Nez-coupé.
Staticée. Retenir.
Stramoine commune, ou Datura. Artifice.
Sureau. Contraste.

T.

Tamier. ou Taminier commun. Besoin d'un appui.

Thlaspi. Assurance.

Thuya, ou Arbre de vie. Vieillesse.

Thym. Activité.

Tilleul. Amour conjugal.

Toque. Sympathie.

Tournesol, ou Hélianthe a grandes fleurs. Caméléon politique.

Tremelle Nostoc, voir Fleur du ciel.

Troêne. Guerre.

Tubéreuse. Volupté.

Tulipe. Déclaration d'amour.

Tussilage odorant. On vous rendra justice.

U. V.

Ulmaire, voir Reine des prés.

Valériane rouge. Facilité.

Verge d'or. Réprimander avec sagesse.

Véronique. Ressemblance.

Verveine. Superstition.

Veuve, ou Scabieuse noire-pourpre. Veuvage.

Vigne. Ivresse.

Violette. Modestie.

Violette blanche. Candeur.

Violier, voir Giroflée.

X. Z.

Ximénèse. Attente.

Zinnia. Précaution.

COULEURS.

AMARANTHE. Gloire.
BLANC. Innocence , pureté.
BLEU. Science
BRUN. Tristesse , mélancolie.
CRAMOISI. Piété.
ÉCARLATE. Prudence.
FAUNE. Défiance.
GRIS. Simplicité.
INCARNAT. Santé.
JAUNE-PALE. Infidélité , trahison.
JAUNE-VIF. Richesse.
LILAS. Désir.
NOIR. Deuil , douleur.
PENSÉE. Souvenir.
POURPRE. Grandeur.
ROSE. Amour.
ROUGE. Ardeur.
VERT. Espérance.
VIOLET. Amitié.

COULEURS RÉUNIES.

BLANC uni au BLEU. Sagesse.
    Au GRIS. Pauvreté.
    A L'INCARNAT. Élévation.
    Au JAUNE-PALE. Passion.

Au Jaune vif. Suffisance.
Au Noir. Persévérance.
Au Pourpre. Bonnes grâces.
Au Rouge. Courage.
Au Vert. Vertu.
Au Violet. Loyauté.
Bleu uni au Fauve. Patience.
Au Gris. Inconstance.
A l'Incarnat. Habileté.
Au Noir. Fausseté.
Au Rouge. Fidélité.
Au Violet. Modération.
Gris uni au Fauve. Incertitude.
Incarnat uni au Fauve. Bonheur imparfait.
Au Violet. Flatterie.
Jaune vif uni au Bleu. Jouissance.
Au Gris. Envie.
A l'incarnat. Bonheur parfait.
Au noir. Dégoût.
Au Vert. Libéralité.
Au Violet. Récompense.
Noir uni au Fauve. Maladie.
Au Gris. Convalescence.
A l'Incarnat. Austérité.
Au Violet. Déloyauté.
Rose uni au Blanc. Fraîcheur.
Au Bleu. Art.
Au Gris. Amour pour la vie.
Au Jaune-vif. Bon ménage.
Au Jaune-pale. Faible attachement.

Au Noir. Mourir d'amour.

Au Violet. Courtoisie.

Rouge uni au Fauve. Faiblesse.

Au Gris. Ambition.

Au Jaune-pale. Jalousie.

Au Jaune-vif. Cupidité.

Au Noir. Mécontentement.

Au Pourpre. Force.

Au Vert. Audace.

Au Violet. Dévouement.

Vert uni au Bleu. Gaîté, joie.

Au Fauve. Dissimulation.

Au Gris. Regrets.

A l'Incarnat. Douce attente.

Au Noir. Espérance trompée.

Violet uni au Fauve. Danger.

Au Gris. Confiance.

Au Vert. Modestie.

COULEURS *par lesquelles les Anciens représentaient*

LES QUATRE ÉLÉMENS		LES QUATRE SAISONS.	
Rouge.	Le Feu.	Vert.	Le Printemps.
Blanc.	L'Eau.	Rouge.	L'Été.
Bleu.	L'Air.	Bleu.	L'Automne.
Noir.	La Terre.	Noir.	L'Hiver.

FIN.

De l'Imprimerie d'ÉVERAT, rue du Cadran, n. 16.